U0310949

荷兰科普女王的动物书

奇特的动物

〔荷〕彼彼·迪蒙·达克　著

〔荷〕弗勒·范德韦尔　绘

蒋佳惠　等译

人民文学出版社

PEOPLE'S LITERATURE PUBLISHING HOUSE

著作权合同登记号 图字 01-2020-1409

Bibi's bijzondere beestenboek
Copyright text © 2006 by Bibi Dumon Tak.
Copyright illustrations © 2006 by Fleur van der Weel.
Amsterdam, Em. Querido's Kinderboeken Uitgeverij

图书在版编目（ＣＩＰ）数据

奇特的动物 /（荷）彼彼·迪蒙·达克著；（荷）弗
勒·范德韦尔绘；蒋佳惠等译. -- 北京：人民文学出
版社, 2021（2023.6重印）
（荷兰科普女王的动物书）
ISBN 978-7-02-016241-3

Ⅰ.①奇… Ⅱ.①彼… ②弗… ③蒋… Ⅲ.①动物 -
儿童读物 Ⅳ.①Q95-49

中国版本图书馆 CIP 数据核字 (2020) 第 074546 号

责任编辑　胡司棋　张晓清
装帧设计　李苗苗

出版发行　人民文学出版社
社　　址　北京市朝内大街 166 号
邮政编码　100705
印　　刷　凸版艺彩（东莞）印刷有限公司
经　　销　全国新华书店等
字　　数　49 千字
开　　本　890 毫米 ×1240 毫米 1/32
印　　张　3
版　　次　2021 年 1 月北京第 1 版
印　　次　2023 年 6 月第 2 次印刷
书　　号　978-7-02-016241-3
定　　价　35.00 元

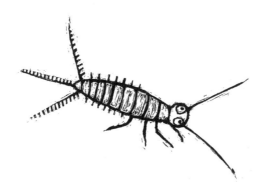

目录

树懒

呼——吸——呼——吸——树懒在睡觉。嘘！它用爪子钩着树枝，倒挂在树上，就像一张毛茸茸的小吊床。

当森林万物醒来时，树懒迷迷糊糊的；当森林万物再次进入梦乡时，树懒依旧昏昏欲睡。

它时不时睁开眼睛，伸出长长的手臂，抓起一片叶子，又抓起一片放到嘴里，嚼啊，嚼啊，嚼啊，直到又呼——呼——

树懒就这么挂在树上，几乎从不下来。也幸好不下来，因为它根本就不会走路，连爬都困难。它在地上拖着身子往前挪动，每小时前进一米，速度比蜗牛还慢。

但有时候它必须从树上下来，只能慢慢地挪下来，因为它要下来拉粑粑。它可不想一辈子都那样爬上爬下，所以它极少拉粑粑。十来天拉一次，也已经够累的了。

树懒的小脸就像玩具动物一样可爱，让人禁不住想把它从树枝上抱下来，带回到暖暖的被窝里，然后睡啊，睡啊，呼——呼——

海马

    它看上去像是童话里的动物，像是想象出来的动物。就像有人要开始画画了，于是想：啊，今天我来画一匹水里的马吧。一匹没有鬃毛但是有刺的水里的马。它没有腿，但是有背鳍，有卷卷的钩子尾巴，还有滴溜溜转的小眼睛和优雅的脖子。

    其实根本不是人画出来的。像海马这么神奇的动物，是想象不出来的。因为真实的东西往往比想象出来的更加奇特。

    海马是一种小鱼，一种不太会游泳的小鱼。所以它用尾巴牢牢缠住海藻，以免被水流卷走。它像一只小气球，用尾巴钩着海藻在水里晃来晃去。

    月圆的日子里，公海马和母海马彼此寻找。它们的尾巴不再缠住咸咸的海藻，而是彼此缠绕。母海马把自己的卵子投进公海马的小育儿袋里，育儿袋就长在公海马的肚子上。等卵子都安全地进了育儿袋，母海马就说一声："再见喽！"随即离开。

于是，公海马怀上了母海马的孩子。海马是多么奇特的动物啊！公海马会好好照顾那些卵子，同时迅速放一些精子到育儿袋里。几个星期后，小宝宝们就出生了。它们从育儿袋里出来，游进了汪洋大海。这就像是一场魔术，一场完全真实的魔术，一点儿也不假。

园丁鸟

世界的另一边，有一种鸟，叫园丁鸟。它是个装饰能手。它把鸟巢搭建在林子里的空地上，建得跟花园小亭子一样漂亮。而且，和花园小亭子一样，园丁鸟的窝巢里也摆放着各种东西，都是它从林子里找来的。

园丁鸟特别爱装饰，它一辈子都在忙这件事。它先搭建一个比自己体积大一百倍的鸟巢，然后找来蛇皮、蜗牛壳、亮晶晶的石子、花朵、树叶、小果子。它把那些小果子啄烂，然后用浆汁把百宝屋的树枝染成红色或蓝色。

接下来，它要等待，等待母鸟的到来。如果终于来了一只母鸟，园丁鸟还要唱歌跳舞表现一番，非常辛苦。有时候，全是白费力气，因为有的母鸟只是来看一圈就走了，就像逛博物馆那样。于是，公鸟重新等待。它要把枯萎的花换成鲜花，因为它要不停地装饰自己的窝巢，来赢得母鸟的芳心。

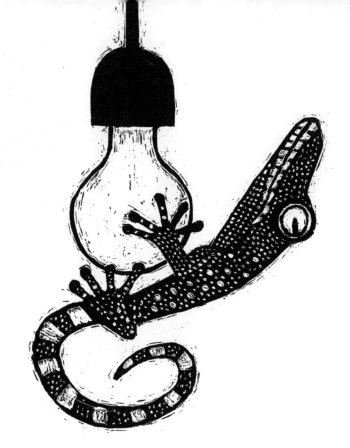

壁虎

唉，它有种本领可真让我们人类嫉妒。每当我们想起来，都会羡慕不已，甚至会流口水。我们多么想能倒立着走路啊！我们多么想轻而易举就能贴附着墙壁攀缘爬行啊！那些楼梯、电梯、梯子，或是体育课上的棚架，统统不需要了。

蚂蚁能做到，可是它在水里不行；苍蝇也有这个本领，可是别人只要一口气就能把它吹下来。不，有一种动物随时随地都能倒立行走。这种动物甚至可以仅用一个脚趾贴附着天花板，就可以把身子优哉乐哉地荡来荡去。如果它贴着门爬行，你甚至可以把它当成门把手来用，因为它可以牢牢地附着在门上。

它的名字叫壁虎。对这么一个超级小机灵来说，这名字听起来有点儿奇怪，有点儿像迷糊、马虎什么的。嘿，马虎壁虎！

在壁虎的大家族里，表亲们各有各的名字。其中有一个成员叫大壁虎。它差不多是家族中个头最大的，有四十厘米长呢。因此，人们喜欢把它养在笼子里。不过可得当心着点儿，如果你想抓住它，它是会咬人的。一旦它咬住了你的手指，就决不松口了。

那样的话，你有两种选择：要么继续和咬着你手指的壁虎玩耍；要么将浴缸注满水，把壁虎浸在水里，然后再接着玩。因为在水里，壁虎可以倒立行走，但是不能呼吸。

还要再提一下可爱的树懒。没错、树懒倒挂在树上，总是这样。就算是死了，可能还会在树枝上挂上几天，几乎看不出它是死是活。

鮟鱇鱼

我们为什么总想上天呢?我们在天上究竟能做些什么?我们把火箭、空间探测器和卫星送上天,去寻找细菌的一丝踪迹,寻找一滴水,寻找生命的迹象。

而我们下面的世界呢?没人感到好奇,也没人往下看,尽管那儿尽是生命。在漆黑的深海里,有怪物游来游去,而我们对这些怪物却一无所知。它们的眼睛硕大,颚骨巨大,牙齿锋利如剑。

鮟鱇鱼是这些怪物之一。鮟鱇鱼母鱼的脑袋上长着一根触角,触角的末端有一盏小灯。在这漆黑的深海里,在生命几乎无法生存的地方,那一线光亮对其他深海动物来说,简直就是一个安全港。动物们会朝亮光游去,根本看不到那温暖的灯光后面竟会有一张大嘴等着吞灭它们。

鮟鱇鱼彼此很少碰面，因为水底世界就像一片沙漠，那么空旷，那么广袤。所以，当一条公鱼碰到一条母鱼时，它会立即咬住母鱼的身体，而且，一辈子都待在那儿了。公鱼的体积比母鱼小很多，看上去只不过是母鱼肚皮上的一只小虫，所以母鱼几乎觉察不出来。

人们宁愿到火星上去插旗子，也不愿到海底去，这对鮟鱇鱼来说，反倒清静。为什么会这样呢？大概是人类不敢下深海吧。

放屁虫

它是个小不点儿，是一个长着六条细腿的小动物。即使你把它放在手上，它也还是会迷失在你的手指之间。它只不过是一只一厘米长的小甲虫。但是你要小心，在你手上爬来爬去的可是一门活生生的小炮，一门装了炮弹的小炮。谁用特别贪婪的眼神看它，它就对谁开火。

鸟会这样贪婪地盯着它，蛤蟆也一样。它们会连头带壳把小甲虫吞进去。但它们可别想打放屁虫的主意，因为放屁虫的后半身有一个制造毒物的小工厂。那些有毒的混合物被安静地存放在储藏室里，这个储藏室就在它的体内。不过，可要当心呀，一有敌人靠近，它就会立刻把那些毒物从储藏室转移到它体内的下一个房间，也就是引爆室里。

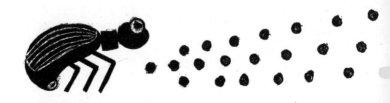

在那个极其危险的小房间里，液体开始沸腾蒸发。放屁虫把屁股转向敌人，然后嘭的一下！滚烫的毒弹发射出来，正中敌人的眼睛。敌人忽然间就什么都看不见了。

放屁虫就这样放了个毒屁，当敌人试图再次睁开眼睛时，它早已拐个弯大摇大摆地走了。哈哈哈。

北极狐

　　它是世界上穿得最厚实的动物。这也是必需的，因为它住在北极。它在雪里、在冰上嗅来嗅去，寻找可口的冷冻食物。嘚嘚嘚，好冷啊。

它全身都是毛，就连爪子的肉垫上也长着毛。它的耳朵呢？就像脑袋上的小雪丘，都在厚厚的皮毛下藏得严严实实的。睡觉的时候，它就用暖和、厚实的尾巴将嘴巴盖住。它的尾巴特别长，这样，鼻子就不会在零下50摄氏度的时候被冻僵了。

北极上空的星星犹如冰晶，这使得夜晚更加寒冷，冷得北极狐有时候找不到吃的。这时，它就要想办法了。地球上皮毛最厚的动物要去跟踪地球上最凶猛的动物了：北极狐悄悄地在冰面上尾随它最大的敌人——北极熊。

北极熊很喜欢吃北极狐。但北极狐要是饿极了，也会胆大妄为。一旦北极熊捕到吃的，北极狐就在边上等待合适的机会，只要北极熊一走开，它就趁机偷些猎物吃。虽然要冒生命危险，但是为了不挨饿，也只能如此。

很高兴认识北极狐：它外表柔软，内心冷酷。

再提一下园丁鸟。有些园丁鸟只喜欢蓝色。它们只用蓝色的东西来装饰自己的窝巢：晾衣服的夹子、瓶盖和牛皮筋，甚至还有鸟儿把蓝色的牙刷也拿出来展览。但愿那只母园丁鸟不喜欢粉色。

吞鳗

设想一下，在一片漆黑的深海里，一条鮟鱇鱼晃动着它的小灯，冷不丁地游进了吞鳗张开的大嘴里，然后呢？然后会怎么样呢？

鮟鱇鱼本身就是海沟里令人畏惧的敌人。然而，强中自有强中手。吞鳗就是其中之一。它会静静地等上几个星期，甚至几个月，直到有一天，它看见鮟鱇鱼打着灯笼从远方游过来。还没等鮟鱇鱼反应过来，吞鳗已经用大嘴无情地将它吞掉了。

深海里，很少会有什么东西从吞鳗身边游过。一旦机会到来，它必须迅猛出击，即使猎物比它还要大。因此，吞鳗的胃硕大无比，就像一个超级大气球，或者是可无限伸展的气囊。它附在上面，四处漂游。

它的胃不仅硕大，而且漆黑一团，以免被吞进肚子里的鲛鱇鱼透出光来。否则，吞鳗自己也会被别的大鱼吞食。

吞鳗暗藏在深不可测的大海深处，它确实隐藏得很成功，以致没有人见过活的吞鳗。它是一个未解之谜，一个冷血杀手。谁都无法看到它的身体里总是闪烁着一束温馨的灯光——那是被它吞食的鮟鱇鱼发出的光亮。

15

再说说海马。有些动物的胃能伸缩自如，容得下半个大海，就像吞鳗。可是也有一些动物没有胃，就像海马。因此，它必须一天到晚不停地吃东西。与其说是"吃"，还不如说是"吸"。它的嘴就像是一根吸管。

丹顶鹤

它们是神圣的，是带给人们幸福、健康以及长寿的使者。中国小朋友看到丹顶鹤的图片，会称之为"仙鹤"。人们看到的基本都是图片，因为丹顶鹤在现实生活中已经很少见了。它们的羽毛那么美丽，所以从前的人们也会用它的羽毛来装扮自己。

丹顶鹤身上穿着雪白的衣服，脖子上的黑色羽毛就像一条围巾，抵挡着严寒。再加上头顶上的小红帽，丹顶鹤就装扮齐全了。它们是所有鸟类中最优雅的，身材纤细修长，个头差不多跟人一样高。它们是如此高贵典雅，就连时装设计师见了也会妒忌不已。

公丹顶鹤和母丹顶鹤在结婚之前，会通过一种特殊的形式互相承诺。它们先呼唤着对方，然后翩翩起舞，那是鸟类世界中最优美的舞蹈。它们踩着高跷一样的长腿绕着圈转来转去，它们跳跃、旋转、展开翅膀，然后伸直脖子，像芭蕾舞演员一样向对方鞠躬。在表演达到高潮时，它们还会乱扔东西。是的，它们会用嘴巴叼起地上的小树枝、小石子、小草，然后把它们抛向空中。

这种鸟类芭蕾，这种壮观的婚礼舞蹈，都不是白费工夫的。因为丹顶鹤的婚姻不是短暂一时的，新娘新郎会白头到老，它们的婚姻有时候能持续三十年呢。

狐獴

狐獴是世界上最可爱的动物，它的可爱，是考拉、企鹅、海豹都比不过的。

乍看上去，它们的熊猫眼圈特别逗，好像大家随时都可以跑去参加派对。

而且，它们彼此也充满了友爱。彼此友爱在自然界里非常罕见，尽管几乎所有动物父母都会照料它们的幼儿，这是理所当然的。动物小哥哥偶尔照顾一下动物小妹妹，这也理所当然。动物大婶偶尔照看一下动物侄子，这还是理所当然。

可是……不管是不是一家人，狐獴总是互相帮助。多友爱。

它们轮流站岗，警告大家敌人来了。也很友爱。

即使它们自己没有孩子，也会帮助朋友们给它们的幼儿喂奶。太友爱了。

小獴哥逮到蝎子，就会分给追逐玩耍的幼崽们吃一点儿。友爱极了。

还不止这些！狐獴有真正的厕所。在洞穴里，它们总是到同一个地方解决。那谁来打扫呢？它们让屎壳郎来打扫。

友爱得太不可思议了！

（在说屎壳郎呢。）

屎壳郎

它们就像荷兰黑糖一样。没错，如果看到它们在地上爬动，你都想把它们捡起来，塞进嘴里吃掉。它们黑油油地发着光，就连小细腿都锃亮锃亮的。它们看上去崭新发亮，好像用软布擦拭过一样。它们如同刚出厂的糖果，嗯……味道好极了。

可是，在你吃之前，你可得知道这爬动着的黑糖是以粪堆为家的：牛粪、马粪、狐獴粪。真是无法理解它们怎么还总是这样亮闪闪的。

它们用前爪抓一块粪便，揉成小粪球，再把这些粪球和它们产下的卵一起埋到地里。将来幼虫一生出来就有好东西吃了。

揉粪球的时候，屎壳郎自己当然也会吃一些，而且吃起来挺方便的，因为粪便本身就是事先经过咀嚼的食物，那其实一点儿也不脏。

屎壳郎不仅给别人清理粪便，而且它们通过把粪便埋在地里，使土壤保持肥沃。粪便对于它们自身、它们的孩子，还有花草树木来说，都是营养。

就跟好事还没做尽似的，屎壳郎又兼职做着园丁。因为它们埋在地下的粪球里面，有大量的花籽儿。这样一来，屎壳郎每年都让花园里盛开的鲜花焕然一新。

屎壳郎同时身兼清洁工、厨师和园丁三职。它真是一块神奇的小黑糖。

犀鸟

　　那些犀鸟就像哨兵，它们大模大样地站在树上，仿佛开始站岗放哨前，亲自把树放在那里，又拉开了一根树枝似的。

　　犀鸟的种类很多，它们的头上有一张巨大无比的嘴巴，它们的嘴可了不得！看到那嘴巴，你就会想：天哪，不能小一点儿吗？是不是可以稍微低调一点儿啊？

那大嘴巴通常要么是鲜黄色，要么是血红色，真够招摇的。

公鸟母鸟终生厮守，至死不渝。当母鸟在树洞里下了第一批蛋的时候，公鸟就在洞口砌墙，用唾沫和泥把墙砌好，母鸟就被关在里面了。

然后一连几个星期，母鸟就待在黑暗之中。公鸟从小孔里塞进小虫子和小果子。当小鸟长大一点儿时，公鸟就需要母鸟的帮助，一起去找吃的。

夫妻俩先一起"笃笃笃"地啄碎树洞口的那堵墙，接着母鸟"嗖"的一声就飞出来了，好像这是世界上再正常不过的事情。然后它和公鸟又把洞口封起来。

咦？

这根本不是监狱呀！犀鸟只不过是把家门关牢而已。

23

再提一下园丁鸟： 有些园丁鸟甚至在屋前修了一条带顶棚的通道。它们在路的两边分别放上一排小树枝，这两排树枝交又搭接，这样母鸟就能像高贵的公主一样走进去了。

蜻蛉

在自然界，最重要的是要生存下来。而想要生存下来，那就得尽量多生孩子，多生强壮的孩子、漂亮的孩子、健康的孩子。因此多种动物的公与母常常互相交配，不仅次数多，而且很频繁。

蜻蛉也一样，它是很漂亮的小动物，有着金属般光泽的身体和透明的翅膀，看上去就像最新款的意大利汽车阿尔法罗密欧。它轻巧地掠过流动的水面，无须减速就拐了弯，几乎没人能比得上。即便是收拢翅膀停下来，它也还是那么优雅。

但是不只如此，它还有一个阿尔法罗密欧的设计者梦寐以求的精奇小配件。每只公蜻蛉都觉得自己相当了不起。本来呢，这也没什么特别，因为大多数开阿尔法罗密欧的人也都自觉了不起。但公蜻蛉更以此扬扬自得，它自以为了不起，认为所有碰到它的母蜻蛉都想跟它生小孩。

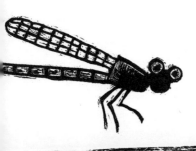

　　为了达到这个目的，它的生殖器上长有小刷子，遇到它中意的母蜻蛉时，它会先把母蜻蛉刷得干干净净。它先用生殖器把其他公蜻蛉的精子通通刷掉，然后再放自己的精子进去。这样，它就能确定未来出生的所有孩子都是它的了。

　　百分之百确定吗？

　　所有的公蜻蛉都有同样的愿望。

　　所以，它们也都有同样的刷子。

郊狼

在美洲峰峦起伏的大山后面，郊狼寻觅着猎物。白
天它们四处转悠，时而打个盹儿。

可是等到太阳下山，长长的影子慢慢地笼罩大地的时候，郊狼便活跃起来。它先伸个懒腰，再等上一会儿，直到星星挂满天空，它才出声，开始叫唤。然后叫唤逐渐变成一种令人恐惧的哀嚎。哀嚎声很快在岩石间回荡起来，没多久郊狼就会得到回应。

它们互相叫来叫去：这是我的地盘，你别过来，明白吗？它们还会说：雷雨要来了。或者：啊，我捕到吃的了。

不同的叫声传达不同的信息，所以人们也称它为会唱歌的狗。它们能辨别的声音比狼表弟和狗表侄加起来的还多。

但那些歌声还有一个目的。在母狼刚怀上小狼的时候，晚上听到四周有许多歌声，它就知道：今年周围有很多郊狼，这个春天我最多只能生三只小狼。但要是晚上听到四周的歌声不多，它就知道：啊，今年生七只小狼都可以。

郊狼们就这样保持警惕，各据一方。

它们是一个由会唱歌的狗组成的夜间合唱团，分散在各处，月亮便是它们的指挥。

巨型管虫

世界上蠕虫够多的了。它们密密麻麻，到处都是。只要在地上挖个坑，就能看见它们。

可蠕虫之间又各不相同。喏，有粉红色光秃秃的；有带腿的，带斑点的，也有毛茸茸的；有一厘米长的，有一米长的，甚至还有五十五米长的。它拉长身子时占了足足半个足球场：从球门一直到中场线那么长。

当然还有更夸张的。有一种生活在水下的蠕虫：它没有眼睛，没有嘴巴，也没有屁股。这种蠕虫包裹在一根白色的细管子里，只露出红色的脑袋，在海底轻轻地摇摆。

它的名字叫巨型管虫。说它"巨型"是因为它能长到三米长；叫它"管虫"是因为它生活在管子里。

管虫在幼虫时期还长着一张小嘴。它就是用这张小嘴以最快的速度吮吸一些丁点儿大的小动物——细菌。当管虫吸食了足够的细菌时，它的小嘴就封起来了。从那天起，细菌就被关在它的身体里，无处可逃。

从此以后，管虫只需要呼吸就够了。它是用腮冠呼吸的。

那么细菌呢？它们得干活了。它们要为管虫做饭。每天，它们都要为管虫准备饭菜。管虫从来不需要吞咽，因为这些食物就是在它的肚子里做好的。

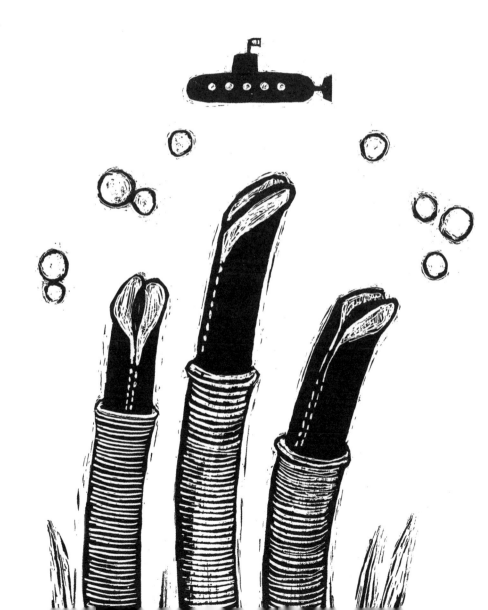

电鳗

    所有的动物都有学名，一个拉丁文名字，一个全世界通用的名字。这样很方便，因为所有国家的学者们都能明白彼此说的是哪种动物。可是这些名字普通人连念都念不出来，一开口舌头就打结。就算你可以念出来，你可能仍旧不知道它们的意思。但是，如果你读到拉丁文放电鱼，你就差不多能明白什么意思了。

放电鱼先生和放电鱼太太会放电。放出的电力非常强，你最好离它们远远的。当然啦，并不是谁都能躲得开的。

放电鱼是一种长得像蛇一样的鱼，黏糊糊的身体有两米来长。我们叫它电鳗。它在泥泞的河底蜿蜒前行，眼睛几乎什么都看不见。但是通过放出微量的电波，它能感觉到自己在哪里。同时也能感觉到别人在哪里——那个将被它吃掉的倒霉蛋。

如果找到了哪个可怜虫，它就放出一股电流。那电击可强啦，强得让人宁可把手指伸进电源插座，也不愿被它击中。它的猎物会被电得全身麻木动弹不了。也必须这样，因为电鳗没有上牙，它吃东西不是狼吞虎咽，而是吮吸、嘬食，一副缓慢而又从容的样子。这样，一旦它的美食不活蹦乱跳的，就省事多了。

电鳗的敌人不多，就连人都怕它。人们几乎不敢吃放电鱼。据说它死了以后还是非常危险。所以，谁也不会愿意把一口电送进嘴里吧。

除非你是个插头。

再提一下北极狐。北极狐有一个挺奇怪的拉丁文名字：阿罗白克丝·拉火普斯。拉火普斯是兔子的腿的意思，所以那种小动物姓“兔腿”：“兔腿”先生。对于这样敢于铤而走险的小家伙来说，这真是个胆小懦弱的名字。但是，它的腿让人联想到兔子的腿，所以有一个学者曾经这样给它命名。

温度计鸟

它们过的是什么日子！这些鸟连照顾自己孩子的时间都没有。它们甚至没有时间去享受小鸟刚出壳时的喜悦。因为温度计鸟一直忙来忙去。

一到秋天，温度计鸟便开始在沙地里挖坑。坑挖得够深了以后，它们就往里扔些树叶和树枝。一直挖到冬天。那坑挖得好大，有一米来深，将近五米来宽。真够累的！坑堆满以后，它们再铺上一层沙子。

到了春天，太阳会把那堆树枝晒得暖暖的。在母鸟开始下蛋时，公鸟就把枝叶堆刨开，等母鸟下了一个蛋后，公鸟会把小坑填上。这样反反复复，它们埋下一个又一个蛋，几个星期以后，坑里面已经埋了二十个蛋了。真够忙活的！

等待期间，这对鸟儿就在旁边忙这忙那，经常用鸟喙量一下坑里的温度。太热的话，就扒去一层沙子。太凉了呢，就再找些叶子铺上。温度计鸟自己不去孵蛋，而是请太阳来帮忙。

小鸟要花几个小时，才能从那一大堆东西里挣脱出来。从沙子里爬出来以后，它们抖抖身子就跑开了。一个小时后，它们就能飞了。

那它们的父母呢？它们不会再相见了。

倭黑猩猩

倭黑猩猩是一种与人类极为相似的猩猩，所以我们很想研究研究它。但也很麻烦，因为倭黑猩猩住在非洲的密林里，那些国家常年战乱。因此，猩猩研究人员干脆到动物园里，去观察酷似人类的猩猩怎么生活。

那些研究人员在那儿看到了什么呢？他们发现倭黑猩猩在一起比我们人类更友好。因为我们常常会把事情搞得一团糟，糟得一发不可收拾。我们彼此打得头破血流，我们抢别人的食物，拿别人的东西。从和善的倭黑猩猩身上，我们可以学到不少东西呢。因为它们是采取友好的方式来解决所有的问题的。

其实，远不止友好。它们甚至是通过亲热来解决问题。在吃饭前，倭黑猩猩会先亲热一番。这样的话，它们至少会知道，即使谁比谁多吃了一些，也不会吵架。如果一个猩妈朝别的猩妈的孩子发了火，那么这俩猩妈随后就彼此亲热一下，以此来表示它并没有什么恶意。

再稍微说一下园丁鸟。如果母鸟觉得鸟巢漂亮，公鸟就和它交配。然后，就马上把它打发走，说不定过一会儿还会有母鸟上门呢。那被打发走的母鸟呢？它只好自己搭一个简单的窝来孵蛋。养育子女也得靠它自己。公鸟还要装饰鸟巢以招引母鸟，忙着呢。

在一个战争不断的国家，倭黑猩猩过着和平的生活。

附加一句：或许是巧合吧，在倭黑猩猩的世界里，是由母猩猩当家做主的。

吸血蝠

　　每当夜幕降临时，吸血蝠就张开翅膀。

　　真的，世上真有吸血蝠：你睡觉的时候，它会来咬你。它会把锋利的牙齿扎进你的皮肉，直到开始流血。

　　而且让你出一点点血还不够，吸血蝠不把肚子喝得圆鼓鼓的，是不会罢休的。

　　它要一直吃到饱得体重几乎翻倍，胀得几乎飞不起来了为止。

吸血蝠就在我们周围。

吸血蝠从洞里飞出来，在旷野寻找沉睡的动物：牛啊，羊啊，驴子什么的。它降落在离它们不远的地面上，开始悄悄地往前爬。然后爬到那个还在梦乡里的倒霉鬼的腿上，扎一个小孔。吸血蝠的唾液里有一种东西叫"抗凝素"，这种"抗凝素"能够让血流个不停。吸血蝠就舔啊舔啊，足足可以舔上半个小时。

有时候它也会爬到睡着的人身上，真的！

不过，别害怕。它住在南美洲，离我们很远很远。

它是一种蝙蝠，我们的周围也有。但是我们这儿的蝙蝠吃蚊子，而蚊子是更令人厌恶的吸血动物。

附注：吸血蝠很小，一只手就放得下。一个晚上它能喝二十五毫升血，就跟我们喝一口水差不多。所以，吸血蝠本身也不过就两口水那么大。

野牦牛

高高的山上住着野牦牛，一种全身披着长毛、头上长着巨大的犄角的动物。它的皮毛乱蓬蓬的，像一件又厚又长又邋遢的黑毛大衣。野牦牛就像嬉皮士。

它住的地方那么高，犄角都能触到天空了。如果星星不小心一点儿的话，牦牛的犄角会一个个把它们从天上给钩下来。野牦牛可以说是世界上住得最高的动物。它散步在云间的小路上，呼吸着六千米高原上的空气。

它的脚总是陷在雪地里，它从未走过草原。野牦牛的周围尽是锋利的岩石、猛烈的冰雹、凛冽的寒风和寂静中冰块的吱嘎声。

野牦牛不知道多汁的蒲公英的味道，它更喜欢咀嚼生长在岩石上的干苔藓。口渴了，它不是去寻找湖泊，而是找到一片结冰的水域，有滋有味地去啃冰块，让冰在舌尖上融化。

它的周边环境仿佛对它说："牦牛，走开吧，这不是动物住的地方！"可是野牦牛就是不走，它喜欢孤独，喜欢近在咫尺的星星，喜欢几百年都不化的雪毯。它不会拿那件狂野的外套换一身柔顺的皮毛。别想了，它宁肯挨一顿冰雹，也不愿去淋那温和的雨。

毯子章鱼

　　母鱼像一张两米长的粉红色的毯子游荡在大海里。怪不得叫毯子章鱼呢。公鱼呢？哎哟，那个小家伙，还没有母鱼的眼睛大，是一条两厘米长的可怜的小墨鱼。但是它的胆子可大了！

公鱼一生都在不懈地寻找，寻找一条母鱼。最终找到母鱼的时候，公鱼就会死去。但临死之前，它还得再做一回英雄，它必须保证会有鱼宝宝出生。

小公鱼把所有精子都排入八只小触手中的一只，然后游向巨大的母鱼。它把装满精子的那只小触手折断，放到母鱼的一只庞大的触手上。那只小触手其实就是公鱼的生殖器。当生殖器向上爬的时候，公鱼就死了。

它的生殖器爬进一个小洞，洞里还有另外几个生殖器。母鱼的身体里有一个生殖器等候室。当它想要孩子的时候，就把所有生殖器里的精子都挤出来，让它们去找卵子。

有一次，一个大水族馆里死了一只母的毯子章鱼，当饲养员把它从水里捞起来的时候，看见它身上全是些爬动着的生殖器。母鱼虽然死了，但生殖器还活得很滋润。

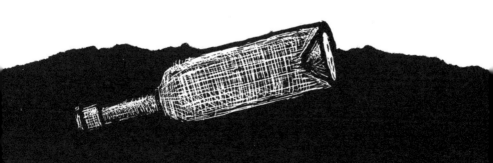

蛛蜂

世界上有许许多多蛛蜂。它们种类繁多，从赤道一直到北欧的荒野，到处都是。它们长得像苍蝇，但是属于黄蜂家族。没错，就是那个蜇人的小东西。所以说蛛蜂也会蜇人。

攻击蜘蛛的蛛蜂都是雌蜂。它并不是为了自己找寻食物，而是为了还没出生的宝宝。其实，这就是真正的母爱。

在恐怖的食鸟蛛王国里，蛛蜂是庞然大物。这种最大的蛛蜂在沙漠中搜寻，直到它的鼻子嗅到食鸟蛛的气味。当它终于面对面地站在这种毛最多的蜘蛛跟前时，它就发起进攻，咬住蜘蛛的一条腿，把它摔个八脚朝天。一旦得手，它就把尾刺扎入蜘蛛软软的肚子里，以此取胜。它尾刺里的毒液足以使对方瘫痪。

接着，它把猎物拖到一个安全地带，爬到它身上，在那个毛茸茸的肚子上产下一粒卵，随后离开。

幼虫孵出来后，它就可以饱餐一顿脚下的新鲜食物——喘着气，还热乎着呢。没错，那只威猛却无计可施的蜘蛛还活着呢！直到幼虫长大，吃完了最后的一口美味时，食鸟蛛的心脏才会停止跳动。

耶稣蜥蜴

哎哟，什么名字啊，一个动物起了这么个名字。难道那蜥蜴是神圣的，是在圣诞节出生的吗？它妈妈叫马利亚，爸爸叫约瑟？或者那蜥蜴住在伯利恒？它能够给人治病？它星期天待在树上不下来？

不是，不是，都不是。

耶稣蜥蜴之所以叫耶稣蜥蜴，是因为它会一种两千多年前耶稣也会的本领，其他人都不会：传说耶稣可以在水面上行走。那是一个没人能模仿的奇迹。而且，至今还没有谁能光着脚丫子过小河，除了（刚刚说的）这种蜥蜴——耶稣蜥蜴。

假如有敌人追赶，它就从树上落下逃到水里，其实是逃到水上。它在水面上跑得非常快，大概连耶稣也追不上它。

除此之外，这个蜥蜴跟耶稣就没有什么可相提并论的了。它是绿色的，住在巴拿马，脑袋上有把梳子。它走路是用四只脚爬行的，可是要在水上走，它就会和故事中的耶稣一样挺起身子稳稳当当地用两条腿直立行走。

君主斑蝶

蝴蝶最终成为蝴蝶之前，先要经历一番周折，走过毛毛虫演变的一段道路。真够麻烦的。不过呢，发牢骚也没有用。因为在自然界里，你别无选择。如果不按照自然的要求去做，那就只有死路一条。就这么简单。

可君主斑蝶还要给自己难上加难。当它们终于从毛毛虫变成蝴蝶的时候，恰似翅膀斑斓的橙色小仙子。

之后它们活不了多久，除非秋天快到了。因为九月份才破茧而出的君主斑蝶，要飞几千公里，从它们出生的美国飞向充满温暖阳光的墨西哥，到南方过冬。

这是一段艰辛的旅程，因为它们纤弱的翅膀往往敌不过强风。要是能成功到达，它们就会成千上万地停落在树上。这时的树不再是绿色，而是一片明艳的橙色，看上去就像是荷兰足球队在客场比赛时的场面一样。它们每年都飞到祖先过冬的同一棵树上，君主斑蝶是怎么做到这一点的，仍是个谜。

半年后，在回家的路上，蝴蝶会产下许许多多的卵。毛毛虫就是从那些卵里爬出来的，如同荷兰青年足球队，前面的路还很长。

47

鸭嘴兽

"你不正常啊"，这话听起来多伤人。说你是哺乳动物，又具有鸟类的特征和爬行动物的特性。说你是鸭子、河狸和鼹鼠的混合体。说你其实什么都像，就是不像你自己。

可是，还会有人这么说。可怜的鸭嘴兽，他们说的都不对。他们本应该先好好看看。因为鸭嘴兽是世界上所有动物里长得最像它自己的。

鸭嘴兽很独特。它是唯一下蛋的哺乳动物。在地洞里下一窝蛋。十天之后，当如同小鹅卵石般的小鸭嘴兽从蛋壳里爬出来时，鸭嘴兽妈妈的乳汁就会顺着柔软的毛皮滴下来。小宝宝们用小嘴吮吸着，一个月，一个月，又一个月。哺乳期很长，因为孩子们要好好地长。同时它们也要渐渐明白自己不是鸭子、不是鼹鼠、不是河狸，也不是爬行动物，所以不是混合体。真的不是吗？

在暖和的洞里，妈妈这样教育它的鸭嘴兽宝宝们：你们是小混合体，好好记住了，是小混搭。是什么样的小混搭呢？

是鸭嘴兽和幸运儿的超级小混搭，两样各占一半。

行军蚁

这听起来多好玩啊：行军蚁。就像是全家一起出门到附近漫游探索的小动物，又像是我们这里的候鸟冬天去寻找阳光。对的，行军蚁可能算是地球上最有意思的动物。

这可不见得吧。

行军蚁要是饿了，就会整个大家族一起出动。或许行军蚁自己觉得这样好玩，别人可绝不这样认为。因为这个家伙什么都大。它个头大，家族也大，这还不够，它的胃口也很大。

蚂蚁一出动就是百万大军。它们横穿树林。队伍有一百多米长，一米多宽。路上挤满了蚂蚁。它们一路上饥饿不堪，碰到什么吃什么，蜥蜴、蛇、鸟，还有别的蚂蚁。凡是皮下长肉的，要么被吃个精光，要么被撕成小块带走。

没有任何人、任何东西可以阻挡它们。如果它们需要跨越什么障碍，比如从一根树枝到另一根树枝，它们就会用自身搭起一座桥，一座蚂蚁桥，让同伴从上面过去，不许其他任何人抢先。

说实话，当然也不会有人抢先。

再提一下那繁忙的君主斑蝶。为了生存，幼虫吃了一肚子有毒的植物液汁。这样一来，它的味道就变得令人恶心，也不会有鸟愿意去吃它们了。不只是幼虫的时候是这样，变成蝴蝶后，尽管它们吃些甘甜的花蜜，也还是这样。

储水蛙

天气干燥，寸草不生，土地干裂，地面就像一块块拼图，像水泥板一样坚硬牢固的拼图。谁能在这种地方生存？什么样的生物可以在这样毫无生机的地方活下去？青蛙？绝不可能。

谁说的！储水蛙就深藏在地底下，它变成木乃伊，静止不动，如同穿着防水衣的石头坐在那儿等待。那件防水衣是用它自己的皮肤做成的，它穿上等待下雨。雨很稀罕，一场雨可能得等上好几年。

但是当雨开始落到它头顶上的水泥地时，它便竖起耳朵。下雨了！啊——终于下雨了！雨水湿润了土地，一块块的拼图不见了。储水蛙吃掉自己身上的防水皮，很快爬出来。它在泥泞的土地上猛吃猛喝，直到快撑破肚皮，接下来就是找女朋友。

等到地面的水洼再次干涸，储水蛙会再次躲到沙漠的地窖里去。它把自己关起来，再穿上防水衣，以免肚子里的水流失。然后，等待下一场雨的到来。

楼燕

啾，啾，啾，你听到它们了吗？

啾，啾，啾，你看见它们了吗？

它们像鱼雷一样飞过屋顶，像疯狂的战斗机掠过天空。当我们听到楼燕的尖叫声时，都会想到：啊，夏天来了！

56

啾，啾，啾，我们想：啊，放假喽！啊，去游泳喽！哈哈，一天吃六十八根冰棍喽！

那些飞翔的鸟儿以每小时一百二十公里的速度从非洲飞到北欧的屋檐下筑巢。飞行对它们来说只是小菜一碟，因为楼燕是世界上最棒的飞行家。它们一直飞，没日没夜地飞。它们一离开窝，就没了踪影。从此它们就永远留在了空中，永远在飞！

它们是真正的高空飞人。

饿了？张开嘴巴，穿过云霄，扑食蚊子。

渴了？张开嘴巴，掠过水面，吸上几口。

困了？等到夜幕降临，向上飞个几千米，然后在一张徐徐上升的暖气流小床上入睡。

只有为了筑巢，它们才飞回地面。为了孩子，它们才暂时双脚落地。说是落地，其实是钻到屋檐下，那儿离云朵很近，感觉仍飘浮在空中。

萤火虫

在闷热的夜晚，当空中弥漫着猫头鹰、蟋蟀和夜间出行动物的嘈杂声时，你就能看到它们翩翩起舞了——那就是萤火虫。它们的下腹一闪一闪，不停地呼唤：快看我！快看我！快看我！它们看起来像闪烁的小灯笼，像低空的小星星。

公萤火虫和母萤火虫就这样彼此邂逅。它们其实不是小飞蝇，而是小甲虫。它们闪得越美，发出的光越亮，就越爱慕彼此。

战争年代，萤火虫曾被用作手电筒。士兵们把抓来的萤火虫放进一个玻璃瓶。也有士兵用指头揉碎萤火虫，当他们在一片漆黑中想看什么东西时，比如地图，他们就会把发光的手指举在地图上方。这么一来，士兵们就不会在乌黑的森林里迷路了。

萤火虫是黑暗中的灯火，不仅照亮了彼此，也照亮了迷路的人。

再说一下危险的行军蚁。它们一口咬下去厉害得很，有些非洲牧羊人就把它们当创可贴来用。要是人就故意让行军蚁咬一口，再迅速地把蚂蚁的身体从中间折断。这样那有力的大颚就咬住了牧羊人的皮肤，使皮肤紧贴在伤口多日，长合复原。

黑寡妇

　　它像深夜一般漆黑，身子在月光下幽幽地闪烁发光。它唯一的装饰是身上的一两个小红斑。当风儿吹起它的蜘蛛网时，小红斑就一闪一闪的。黑寡妇就像穿了高跟鞋，优雅的长腿支撑着它圆滚滚的身体。

　　谁要是有事相求，得亲自上门，因为它自己从不出门。不过，没几个想来登门拜访的，只有黑寡妇的男人们有时候会来敲门。它们会在一根蛛丝上敲几下，通知黑寡妇它们到了。如果敲的方法错了，黑寡妇就会以为逮到了个猎物，必须马上下毒。

　　但是即使客人进得来，也永远无法确定能否活着离开，因为这个孤独的女主人有时候会改变主意。其实它经常这样变卦。公蜘蛛跟黑寡妇亲热一番后，得马上脱身。只要慢了一步，黑寡妇就会最后一次把它紧紧抱住，然后刺中它，杀死它，吃掉它。

　　就这样，在它的一生中，这位漆黑如夜的女士不知第几次又成了寡妇。

趴趴鼠

　　它们要不远在天边，要不就近在眼前。它们有的住在蒙古大草原上，有的住在我们自家的小笼子里。所以说趴趴鼠既是个远方的朋友，也是个好邻居。两个都是。

这小家伙可棒了。小公鼠能做的一些事情是世界上任何别的父亲都办不到的，连我们自己的父亲也不行。当趴趴鼠妈妈要生孩子时，趴趴鼠爸爸会在一旁准备好接生。

孩子出生时，鼠爸爸会小心翼翼地用小前爪把它从妈妈身体里拉出来，然后马上抱起刚出生的孩子，舔掉它鼻子上的黏液。这样，小趴趴鼠才能呼吸，就像变色糖一样，从紫青的小虫子变成粉红的鼠宝宝。

这时候，鼠妈妈又忙着把下一个孩子挤出来。嗖！鼠爸爸又伸出援助之爪，一边帮助鼠妈妈，一边忙着舔孩子的鼻子。趁鼠妈妈停歇的空当，鼠爸爸赶忙舔干孩子的身子，再把它们一个个叼进婴儿房。

一年之后，所有的鼠爸爸都成了老练的接生婆，应该说是接生公。因为它们的老婆几乎月月都生宝宝。每次要生六七个。

63

再说一下吞鳗和鮟鱇鱼。食物那么少，空气也那么稀薄，以致深海里的生命长得很缓慢。因此，它们生孩子的时间也很晚，30岁才生第一个孩子。如此一来，深海鱼总能活到一大把年纪，有些品种甚至能活到150岁。

斑马

斑马在没有围栏的草原上吃草。那片草原无边无际，它们十匹成群地在这片无边际的平原上游荡。斑马群里通常有一匹公马，还会有几匹母马和小斑马。

那些斑马看起来像走动的条纹码。它们长着马的样子，但比起我们那些圈养的高贵朋友，它们更强健、更聪明。这是理所当然的，因为它们毕竟不生活在童话的天堂里，四周躲藏着虎视眈眈的狮子、土狼和猎豹。

所以，小斑马们一出生就跟着妈妈跑来跑去，根本没时间去学怎么跌倒怎么爬起来。不仅如此，小马驹在出生的第一天就得学会认妈妈身上的条纹码。

　　每一匹斑马都有它自己的条纹码。如果小斑马一开始总去找阿姨或爸爸，它会饿死的。因为爸爸和阿姨没奶给它吃。它必须认得妈妈身上的条纹码，只有妈妈才能给奶吃。所以小斑马刚出生几天，妈妈总会站在小斑马和其他家庭成员之间。这样，在非洲沙漠野地这个大超市里，小斑马绝不会在找奶吃时认错人。

水母

它们不长眼睛，不长耳朵，也不长鼻子。它们在水中漂来荡去，无论有什么东西靠近，都浑然不觉。它们在无尽的静寂中起起落落。水母是水生动物，理所当然以水为家。但它们自身也全都是水做的，好吧，好吧，几乎全都是。在那一团水体中，长了一个小东西，有了它，水就不会漏光。

我们在沙滩上常常看到水母，好像一坨凝胶。不管给你多少钱，你都不会想把这些透明的布丁吃下去。但它们在水下的模样，可真是美极了，好像优雅的小降落伞，飘然游荡。那垂下来的毛须，让人禁不住想去抚摸抚摸。

住手！

那些毛须是触手。如果里面满是毒汁，你可就倒霉了。如果它们向你喷射毒汁，你的皮肤就会火烧火燎，无比瘙痒。

水母不长眼睛，不长耳朵，也不长鼻子，我们现在都知道了。但它们却长着嘴巴，吃喝拉撒都用这张嘴。它们先把一条小鱼囫囵吞下，稍后又从嘴巴里排出粪渣。水母没有嗅觉，这倒未必不是一件好事。

神鹰

它是天空之王、太阳之神、宇宙之主。神鹰是地球上最大的飞鸟，也是体形最大的翱翔者。它的翅膀张开时，能有三米多宽。

它的影子吓不着谁，因为神鹰不会猎食活的动物。只有在山谷里见到动物死尸时，它才从它的天际宝座上滑落下来。那宝座是一股暖空气，它能在上面翱翔好几个小时，连翅膀都不用扇动一下。

它最终下来以后，会拖着笨重的身体小心翼翼地走向那具尸体，然后一头扎进去，把它清理掉。它的脑袋光秃秃的，这样肉就不会粘在羽毛上了，还挺方便的。只是，太太和独生子在五千多米高的住处，那里可冷着哪。

所以，所有的神鹰脖子上都围着厚厚的白毛领。这样，当安第斯山脉寒冷的山崖上开始变得更加冰冷刺骨的时候，它们可以把脑袋藏在里面。至少专家们都这么说，不过，其实不是那么一回事，它们之所以有那些羽毛，是因为它们是王者至尊，毕竟国王戴个毛领是很平常的事。

再提一下楼燕，这种从不着地的神奇鸟儿：如果很冷，楼燕爸妈"咻"地一下飞到意大利或者西班牙去捕捉一些小飞虫，它们会把这些小飞虫打包，然后再飞几千公里回家。这期间，楼燕宝宝就只管睡觉，有时一睡就好几天。等楼燕爸妈回来，叫醒小楼燕，它们就可以享用异国美食了。

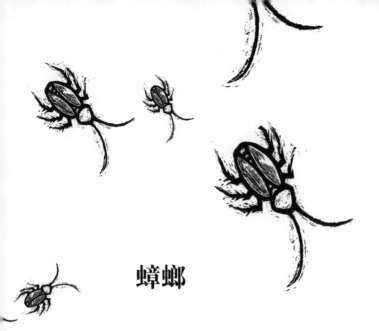

蟑螂

哎呀，蟑螂会让你浑身发抖。要是它带刺的腿爬进你的梦里，你被惊醒的时候一定会大汗淋漓，哎呀。不是有种说法嘛：如果整个世界都消亡了，蟑螂是唯一能活下来的，因为它是地球上最顽强的小动物。

顽强？好吧，只要一锤子下去，就能把那个恐怖的小家伙打扁。但一锤子肯定是不够的。蟑螂的力量不在于它的腿，不在于它的壳，也不在于它敏捷的身体，而在于别的地方：它们庞大的数量。

只要什么地方有了一只蟑螂，马上就会有上百只，甚至上千只。真要打起来，手和锤子也是不管用的，蟑螂总能赢。它能一个月不吃东西，四十分钟不喘气。更厉害的是，就算没了脑袋，它还能活两个星期。

唉！

北极和南极才没有蟑螂，高山上它们也不爱去，除此以外，哪里都有它们。它们最喜欢待在暖洋洋的房子的缝隙里。它们白天睡觉，晚上就去找剩饭吃。它们从不单独行动，总是成群结队，可热闹了。

你想见见它们吗？那就几天别洗碗呗。

如果你永远都不想见到它们，那就买张单程票去冰岛吧。

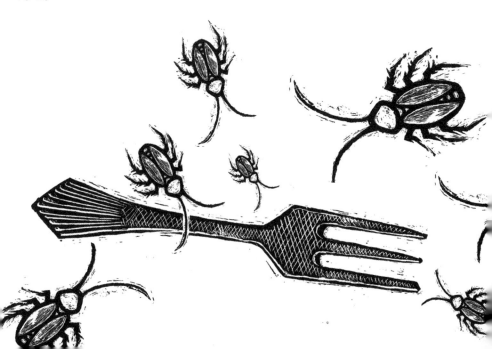

腔棘鱼

　　如果一些动物不见了，灭绝了，永远从地球上消失了，这是不是太可惜了？

　　这样的事可是经常发生，只不过因为都是些很小的蝴蝶或者甲虫，所以我们没有察觉罢了。有时我们甚至都不知道它们曾经存在过。但某些动物，却让我们一直念念不忘。我们仍然想念着渡渡鸟，就像想念剑齿虎一样。我们也多么想再次遇到那毛茸茸的猛犸象啊！

许多动物早在我们人类出现之前就灭绝了，比如恐龙。它们在六千五百万年前就消失了，可它们的的确确存在过。恐龙是一个真实的神话。

1938 年 12 月 22 日，船长亨德里克·胡森收网时，发现网里有鳐目鱼、鲨鱼，还有另一条鱼，一条奇特的鱼，一条长着腿的鱼，它全身艳蓝，在甲板上扑腾了好一阵子才死去。

从没有人见过这种鱼。学者们也只是通过古老的化石认识它，那是它留在石头上的印记。亨德里克的渔网里有一条远古鱼，一条大家都以为早就绝迹的恐龙鱼。它就是腔棘鱼，这是一条藏匿了几百万年的鱼。

通常，有些动物就这样不见了。但几百万年中也能有那么一次，让我们又碰到。那些腔棘鱼仍然存在，只是没人知道还有多少。难得会有潜水员遇见那么一条，它从眼前游过，是一条活化石，一只长鳍的恐龙，一个真实发生在海底的神话。

布谷鸟

真是胆大包天！那些偷偷摸摸的家伙，那些鬼鬼祟祟的东西，那些没完没了地叫着"布谷布谷"的横行霸道的动物。它们除了叫自己名字，就真的什么都不会说了吗？

它们先是昧着良心害了几条命，然后没事一样地叫喊自己的名字，声音响彻整片树林。非常蛮横无理，令人无法忍受。

布谷鸟妈妈把蛋下在别的鸟窝里。那是一只无辜的雀鸟。那雀鸟一出门，布谷鸟就把雀鸟的一个蛋从鸟窝里推出去，接着赶紧在那个地方下一个自己的蛋。可是雀鸟爸妈却丝毫察觉不到，这真是罪恶滔天。

小布谷鸟一从蛋里爬出来，就像它妈妈一样坏心肠。它刚刚出生，就去收拾没出壳的弟弟妹妹的蛋。它把它们弄到自己光秃秃的背上，一个个推出鸟窝。

那小小的雀鸟爸妈都不明白是怎么回事，在它们的窝里竟然出了个巨型宝宝。为了寻找足够的食物，它们整天忙得上气不接下气。等它长到窝里装不下了，才会

再说说那孤独的储水蛙。它生活在澳大利亚土著人那里。从前，土著人口渴了，就去寻找藏在地下的储水蛙。找到后，他们会把储水蛙放到嘴边轻轻地挤两下。这样，他们就能在旅途中喝上一口水。然后，那青蛙又爬回洞里，只不过，储蓄的水不见了。

飞走。迷你爸妈想要喂食，就必须站在它们的冒牌孩子的脑袋上才行。它们还真是这么做的！

　　自然界是千奇百怪的。

　　我们人类也不例外。

　　因为听到布谷鸟的叫声时，我们会感到很开心。

土豚

　　这是世界上最孤单的哺乳动物。先介绍一下：土豚，幸会。它是现在活着的最后一种蹄类远古动物。它孤苦伶仃，没有任何亲人。更惨的是，它孤零零地四处游荡，而且不在白天，在夜里。

　　土豚白天躲在地洞里，当月亮高挂在非洲的夜空时，它才爬出来，踩着小步在黑夜里找蚂蚁吃。要是找到了，它就刨开土，伸出黏黏的舌头，饱餐一顿。

　　谁都不清楚土豚过得怎么样。它不仅孤单，还很神秘。我们只知道它善于拱土。另外，它的鼻子里还有小刷子，这样，拱土的时候，土就不会钻进鼻子里了。

我们也知道孤独的土豚眼神不好使，它逃跑时会撞到灌木丛或树上。可怜的土豚，长着大耳朵，驼着背，还有半米长的舌头。

　　土豚可不这么觉得。它心想：呵！一个人多自在。尽情地在黑夜里游荡，尽情地钓蚂蚁，尽情地挖土，鼻子里带刷子，尽情地挖呀挖，真开心！

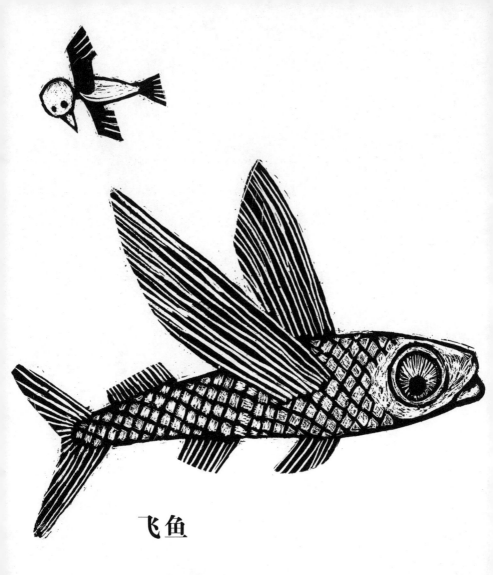

飞鱼

怎么没完没了尽是些奇奇怪怪的动物？世上还有没有普普通通的动物？有没有安分守己的动物？有没有规规矩矩的动物？有没有不装模作样、行为正常的动物？

它们好像一个比一个爱搞怪。

这飞鱼又想怎么样？难道它要飞起来吗？那家伙就不能像别的鱼一样老老实实地待在水里吗？它以为自己是鸟吗？或许这会飞的鱼需要去看看病？它该不是脑子进水了吧？

它的脑子可没进水！

如果身后有海豚追来，它当然可以乖乖地让海豚吃掉，这对海豚来说再好不过了，可飞鱼绝对不这么想。它铆足劲儿游，游得那么快，都跃出了水面。一旦出水，它就张开大大的鱼鳍，在浪涛上飘呀飘。

这下子，海豚完全糊涂了。它刚才还看到那顿美餐在水里猛冲，怎么突然就不见了！

飞鱼很清楚自己在做什么，而那些可怜的海豚却在想：该不是我们疯了吧？所以，水下医院的候诊室里不是挤满了飞鱼，而是挤满了海豚。

小纸鱼

　　每个人家里都养着宠物。好吧，也许不是每个人都养了狗或仓鼠，满满一缸孔雀鱼或竹节虫。但在厨房里，肯定有一群果蝇，或是躲在角落里的蜘蛛。要是还没有，那你家肯定有一床螨虫，或者藏在浴室砖缝里的小衣鱼。

　　所以说，每个人家里都养着宠物，不管是请来的还是不请自来的。现在有一种新宠物越来越时兴，只是它们令人感到恐怖。它就是小小衣鱼的表亲。这位表亲起初还没有名字，但研究人员很快就给它起了个名字，因为他们发现那些小家伙最喜欢的食物是纸。竟然是纸！

　　天啊！

　　小纸鱼把肚子吃得圆鼓鼓的。它在书里啃出一条小隧道，在邮票集里把邮票边乱啃一通，它在壁纸后面聚会狂欢，狂欢之后壁纸也不见了。

　　小纸鱼根本不是鱼，而是一种长着六条腿、有鳞片、约一厘米长的小虫子。它的身体前后都有"天线"，比手机信号发射塔还神。

最后提一下园丁鸟。有人在它们的鸟巢里发现了钱，可是，最特别的还要数那个用玻璃眼睛珠装饰而成的鸟巢。

研究人员还不知道小纸鱼最喜欢什么书，但它们肯定不喜欢给小孩子看的书，更不喜欢关于奇特动物的书。

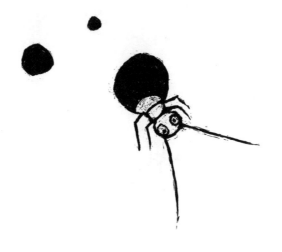

谨此列举我在写书过程中参考过的图书、文章和网站：

奥利维娅·贾德森所著《塔吉雅娜博士有办法》

大卫·伯尼和唐·威尔逊合著《DK动物大百科》

基斯·S.汤普森所著《腔棘鱼：活化石》

弗朗斯·德瓦尔所著《倭黑猩猩的性爱与社会》

www.gierzwaluw.nl

http://noorderlicht.vpro.nl 西蒙娜·德·施佩尔所写关于毯子章鱼的内容

桑德尔·福尔摩伦发表在《新鹿特丹商业报》上的《深海底部的军备竞赛》